# EXCURSION

## CHEZ

# LES MOÏS INDÉPENDANTS

### Par M. HUMANN

SAIGON

IMPRIMERIE DU GOUVERNEMENT

1884

# EXCURSION

## CHEZ

# LES MOIS INDÉPENDANTS

**Par M. HUMANN**

SAIGON

IMPRIMERIE DU GOUVERNEMENT

1884

# EXCURSION

## CHEZ LES MOÏS INDÉPENDANTS.

### Itinéraire.

Parti de Baria le 4 février 1884, à 4 heures et demie du matin, je fis à cheval la première étape et j'arrivai à Lang-strơng à 9 heures et demie, après une trentaine de kilomètres dans l'est quart nord-est; la route est comme toutes celles des environs de Baria. Au-delà de Long-nhung, que je laissai sur ma droite vers 7 heures et demie, la route monte un peu; on entre en forêt : beaucoup de bambous, de beaux arbres, mais en petit nombre. Le plateau, avant d'arriver à Lang-strơng ou Xương, est d'une terre rouge excellente et qui, à première vue, ressemble à toute celle du plateau de Đât-đỏ; à Lang-xương, il y a de belles et grandes rizières.

Le lendemain, après une heure de marche, je traversai à 7 heures le sông Rai, que j'avais déjà rencontré l'année précédente à Gosham, auprès de Xuyen-môt. Cette rivière avait encore beaucoup d'eau très claire et un courant rapide, qui semble se diriger vers le sud-est. C'est un très joli cours d'eau à cet endroit. Les renseignements que j'ai pu obtenir placent sa source au núi Chua-chan ou tout auprès, un peu au sud-ouest; il ne vient certainement pas du massif du Mây-tào, groupe de montagnes plus à l'est, qui est désigné sur nos cartes sous le nom de Tan-mao, mais que les Annamites ont toujours appelé devant moi Mây-tào. La route de Lang-xương à Trinh-ba n'est ni longue ni fatigante, et j'arrivai à ce village vers 8 heures et demie, ayant marché tout le temps sous la forêt, traversant de nombreuses collines formées de cette belle terre rouge qui serait si fertile si elle était bien cultivée. A Trinh-ba se trouvent les vestiges d'un ancien fort qui, au premier temps de la conquête, fut occupé par les Annamites nos ennemis; mais, quoique bien placés, ils opposèrent peu de résistance.

Après avoir quitté Trinh-ba à 2 heures du soir, nous arrivions à Thanh-tá à 4 heures et demie, par un chemin semblable à celui du matin. Nous étions au pied du núi Mây-tào, sur un rẫy moï qui paraissait d'une grande fertilité; l'eau était proche et très bonne. La halte se prolongeant plus que je ne l'aurais voulu, j'en profitai pour me rapprocher de la montagne, dont je gravis les premiers contreforts, mais sans obtenir une vue bien étendue. Il y avait encore, au pied de la montagne, de l'eau courante dans un ruisseau que je devais traverser le lendemain. Peu de beaux arbres; tout ce qui est en bonne terre est continuellement soumis au système du rẫy, et l'on ne laisse pas aux sao, qui cependant ne demanderaient pas mieux, le temps de prendre des proportions raisonnables. J'en ai vu quelques-uns de beaux; dans de mauvais terrains d'argile grise, quelques gỗ et quelques trắc. Je ne crois pas du tout que ces arbres préfèrent les mauvais terrains, ainsi que cela a été dit et écrit; je crois que dans de bons terrains ils deviendraient superbes si la hache et l'incendie des Moïs ne venaient périodiquement arrêter leur croissance, qui est lente.

Après bien des paroles inutiles, je réussis à quitter Thanh-tá le 7, à 6 heures du matin; la route qui me conduisit sur les derniers contreforts du Mây-tào au nord et avait pour direction le nord-est, était très fatigante dans des sables d'une grande finesse, des brûlis et les pierres roulantes des pentes du Mây-tào. Arrivé à 8 heures et demie au point culminant de la croupe, j'y retrouvai les chars à buffles partis avant moi; halte et déjeuner. A 1 heure et demie, je quittai la jolie hutte de branches que les Moïs m'avaient construite en dix minutes et où je m'étais parfaitement reposé, et bien j'avais fait. A peine descendus dans la plaine, après une demi-heure de marche nous entrâmes dans de grands espaces sablonneux où l'herbe était brûlée ou brûlait encore, réfléchissant une chaleur terrible. La marche, embarrassée par le sable dans lequel on enfonçait et glissait à chaque pas, était des plus pénibles. La chaleur du soleil était certainement une des plus fortes que j'aie ressenties en Cochinchine, et cette marche est la plus longue de toutes celles que je fis avant d'atteindre les bords du La-nga et la plus fatigante de tout le voyage. Toute cette étape est horriblement triste, traversant de grandes, immenses clairières parsemées d'arbres rabougris, ressemblant, au dire des personnes qui les connaissent, aux niaoulis de la Nouvelle-Calédonie; ce qu'il y a de sûr, c'est qu'ils sont affreux avec leurs troncs décharnés, blanchâtres, tachés de plaques noires par les fumées de l'incendie. Le sol, jonché de leurs grandes feuilles, est encore plus mauvais au-dessous d'eux que dans la plaine entièrement nue. Ces feuilles glissent et craquent sous les pas, cachant les irrégularités du sol et faisant un bruit agaçant et fatigant par ces horribles chaleurs où la tête est en feu. Enfin, nous arrivâmes à La-phù, dans une jolie position, assez près d'une rivière d'une eau claire et abondante. A La-phù, encore des retards; il semblait que mon escorte eût été bien aise de flâner dans ces avant-postes du pays moï. La journée avait été, il est vrai, très dure, et le soir, quelques libations trop copieuses de vin de riz avaient mis mes Annamites un peu en l'air; les voitures à buffles n'arrivèrent qu'à 9 heures du soir.

Le lendemain, ne pouvant partir, je me reposai et pris, à peu de distance, un bon relèvement du Mây-tào, droit au sud de La-phù. Le 9, à 5 heures et demie du matin, nous étions en route; ici, la forêt devient plus belle : des bàn-lăn, des gồ superbes, quelques trắc. A 8 heures et demie, nous traversâmes le sông Gia-uôy ; c'est le même cours d'eau qui passe auprès de La-phù et va, d'après les renseignements annamites, se jeter dans la mer à Cu-mi. Il prend sa source auprès du núi Chua-chan ; à La-phù, il coule nord-nord-ouest au sud-sud-est; ici, il court nord-ouest-sud-est.

La halte de Tà-tàn, à laquelle nous arrivâmes à 9 heures un quart, est au pied du núi Chua-chan que je relève ouest un quart sud-ouest. Tà-tàn est riche, il y a de belles rizières, beaucoup de buffles; la forêt est moins dévastée et on y trouve de belles essences. Le chef de canton était très bien disposé pour nous, il me donna tous les renseignements dont j'avais besoin.

Ce village est le dernier village moï plus ou moins soumis à notre administration; tous ces pauvres gens se sont montrés tout le temps bons, mais très craintifs; ils ont l'air et sont je crois très abrutis par leur ivrognerie, et les Annamites des frontières, tant de nos provinces que de l'empire d'Annam, les exploitent en les effrayant. Ils ne sont pas beaux, sont plus forts que les Annamites avec qui, certainement, ils sont un peu mélangés ; pourtant, leur type s'éloigne du type annamite : ils ont les yeux moins bridés, le teint plus foncé, beaucoup ont les cheveux crépus et de la barbe peu fournie. Leurs maisons sont élevées de 3 à 4 mètres au-dessus du sol ; les murailles ne sont point perpendiculaires sur le plancher, mais font un angle obtus en dedans de la case ; la toiture tombe beaucoup plus bas d'un côté que de l'autre et la muraille est également plus basse du même côté, qui est généralement celui exposé à la brise de sud-ouest. Les intérieurs sont propres ; les villages se composent de plusieurs maisons placées sans ordre. Ils cultivent le riz en rẫy et en rizière quand il y a dans le village des Annamites qui les font travailler ; ils cultivent beaucoup de tabac et vivent de divers produits des forêts. Ils récoltent, filent et tissent le coton, dont ils font eux-mêmes des couvertures assez belles qu'ils mettent la nuit et le matin. Du reste, ils sont plus ou moins vêtus de lambeaux de défroques annamites. Il n'y a pas chez eux cette unité de costume ou de manque de costume que j'ai trouvé chez les Moïs indépendants. Les femmes que j'ai vues étaient toutes assez vêtues et dans le même genre que les femmes annamites de la campagne ; elles ne sont pas belles. Le chef de canton est un annamite. Entre autres renseignements, il me dit que, de Tà-tân à Long-thanh, il faut deux jours à pied et quatre en char à buffles, et j'ai pu vérifier l'exactitude de ces renseignements à mon retour.

Je quittai Tà-tân le 10, à 5 heures du matin, traversant la route de Long-than à 10 minutes de la halte. Elle se dirige à l'ouest, passant au nord du núi Chua-chan ; notre direction est généralement nord-nord-ouest ; j'arrivai à la halte, au bord du sông Da-huyên, à 8 heures et demie. La première partie de la route est très agréable sous la grande forêt ; il y a de beaux arbres, des gô superbes ; la seconde monte et traverse un plateau qui sépare les eaux allant au sông Rai et dans le Bình-thuận de celles qui se dirigent vers le nord. On coupe en la suivant plusieurs lits de ruisseaux desséchés, dans l'un desquels se trouvent des bancs de quartz. Ensuite, la route est sur une argile blanche qui semble formée par les débris de ces quartz ;

la marche est pénible dans cette dernière partie. Le sông Da-
huyên, au bord duquel je m'arrêtai, était à peu près à sec ; il
était difficile d'en reconnaître la direction, son lit étant obstrué
et encombré par les bambous des berges ; mais, en remontant
un peu sous les épines, j'ai cru pouvoir m'assurer qu'il se dirige
vers l'ouest. Les renseignements que j'ai obtenus en font un
affluent du La-nga.

Au-delà de cette station, que je quittai à 2 heures, la route
est encore en forêt et très agréable ; mais vers 3 heures, nous
arrivâmes dans des boqueteaux et des clairières en feu qui nous
grillaient par dessous pendant que le soleil nous rôtissait par en
haut. Puis, après avoir traversé des collines de *Biênhoa*, descente
dans des fonds humides où nous sommes assaillis par les sang-
sues, et que, malgré la fatigue, il faut traverser au pas de
charge, ce qui n'empêche pas nombre de ces affreuses bêtes
de nous atteindre. Dans ces fonds, la forêt est belle ; les gỗ et
les trắc sont nombreux. Après encore une bonne heure de
marche, nous nous arrêtons, après avoir passé plusieurs torrents
à sec, mais dont le lit conserve encore beaucoup d'humidité et
qui, dans un grand marais au-dessous de nous, se joignent au
sông Da-huyên.

La halte est en pleine forêt, dans une jolie clairière où nous
passons la nuit, qui est très fraîche ; le matin, parti à 5 heures
et demie et arrivé à Salan, village de Vô-dat, à 6 heures et demie.
Le village de Salan a un tout autre cachet que tout ce que nous
avons rencontré jusqu'à présent : sur un plateau assez élevé,
une maison unique de près de 100 mètres de long, avec une ou
deux plus petites à l'extrémité, constituent tout le village. La
grande maison est occupée par 10 ou 12 ménages qui forment
toute la population ; les petites sont le magasin de riz, l'habitation des gardiens ou veilleurs du magasin, et une case basse
servant à recevoir les étrangers, dans laquelle je m'installe. Les
hommes sont beaux et forts; il y a de jolies figures fraîches
parmi les jeunes filles ; hommes et femmes portent une jupe
d'étoffe bleue rayée de blanc, de noir, de rouge. Les hommes
ont l'air fier et sauvage, ils se rapprochent plus du type
cambodgien que de l'annamite. Le chef du village, un vrai
sauvage, fort comme un buffle, au regard féroce, déteste les Anna-

mites et n'est pas aimable pour mon escorte ; mais je le crois honnête et n'ai pas à me plaindre de lui. Le village est riche : il y a sur le plateau, espacés de 1 à 2 kilomètres, plusieurs villages ou cases comme celle de la halte ; ils cultivent en rẫy de très beaux riz, ils ont de nombreux bananiers, des orangers, des citronniers, des ananas, des jacquiers ; leur proximité de la rivière leur procure beaucoup de poisson. Je passe la journée à Salan, d'où j'aperçois et relève le núi Bang-da au nord-est (c'est le plus haut sommet, je crois, du massif que je dois visiter) et le núi Ong à l'est, qui domine le village annamite et la plaine de Tanh-linh. Les Moïs ne savent que peu de noms de montagnes et racontent sur ces pays des fables qui me font rire, mais semblent peu du goût de mon escorte, qui trouve que nous sommes déjà bien loin.

Le lendemain, après une nuit très fraîche, parti à 5 heures, route un peu à l'est du núi Bang-da ; descendu du plateau dans la plaine par une série de routes plus ou moins directes en forêt ; à 7 heures et demie, atteint les grandes plaines herbeuses des bords du La-nga et, à 8 heures et demie, arrivé à Tracu-ha. Trouvé l'installation du lieutenant Gautier en bien mauvais état : la case tombe en ruine, les maisons moïs qui s'élèvent auprès sont abandonnées, et ce qui reste de son habitation habité par 4 ou 5 Chinois malades, sales et rapaces. La rivière qui coule à une trentaine de mètres de la maison roule toujours, claire et rapide, sur un lit de sable, et me fait l'effet de s'être un peu obstruée ; mais le La-nga est toujours aussi joli et aussi poissonneux.

Après sept jours passés à Tracu pour me mettre en rapport avec Patao, prendre les relèvements des montagnes à l'est et à l'ouest de Tracu et relever et tracer le cours de la rivière de Tracu à Salan, je pars le 20 février pour la partie vraiment intéressante de ma promenade.

Parti à 2 heures de Tracu, arrivé au rach de Patao à 3 heures moins un quart ; trouvé des chevaux, parti à 3 heures, arrivé à sa case au pied des montagnes à 4 heures ; il pleut dans la soirée.

Le 22 février, après une halte d'un jour, parti à 5 heures du matin, route au nord-nord-est ; traversé une grande plaine herbeuse puis le lit d'un ruisseau à sec. A 5 heures et demie, remonté la vallée ; à 6 heures, trouvé des rizières très bien cultivées à l'annamite, terre excellente ; entré dans la forêt, monté insensiblement ; à 6 heures un quart, la vallée se resserre, elle a 1 kilomètre et demi à peine de largeur ; la forêt n'est pas belle ; à 7 heures, la montée devient plus raide ; traversé quatre ou cinq fois le suôi ; de 7 heures un quart à 8 heures, montée excessivement raide ; le ruisseau est à notre droite très encaissé, très profond ; eau claire et abondante, forêt touffue et quelques beaux arbres ; rochers de granit très beau, rose, rouge et gris bleu ; à 8 heures, arrivé à la crête après avoir escaladé un mur de rochers presque verticaux ; la vue est superbe. Derrière nous, c'est la vallée du La-nga avec les immenses plaines qui s'étendent de Tracu à Salan, et, à l'horizon, les collines des pays moïs dépendants, tout cela apparaissant à travers les arbres dans le sud-ouest. Devant nous, une belle vallée se dirigeant au nord-ouest et entourée de hautes montagnes qui, à gauche, bouchent entièrement la vue, étant très rapprochées, et, en face et à droite, s'élèvent en jolies croupes sur lesquelles sont des villages moïs très solidement placés, et Bang-da qui, en troisième plan, montre sa tête, dominant le tout au nord-est.

Je descends la vallée et, à 8 h. 20 min., arrive à la halte après avoir traversé, sur un pont de bambous, une ravissante rivière qui suit le fond de la vallée. Elle s'appelle Ta-poo, court au nord-ouest et va se jeter dans le da Houé, affluent du Dông-naï. Elle prend sa source au pied du Bang-da ; le village s'appelle Mépou ou Prom-tuck.

Parti à 1 heure et demie, suivi le cours du Ta-poo ; direction générale, nord-nord-ouest ; traversé quatre de ses affluents venant du nord-est. Nous sommes restés tout le temps sur la rive droite. Traversé un col d'où la vue s'étend assez loin ; le fond des vallées est entièrement occupé par des bambous sans épines, au très joli feuillage ; les montagnes sont déboisées, il y pousse une brousse vigoureuse et quelques bouquets de beaux arbres ; les Moïs dévastent tout. Le pays a l'air peuplé ; traversé sur la route deux villages ; nous en voyons d'autres très joliment placés sur les versants des montagnes. Cette vallée est à environ 300 à 350 mètres au-dessus du niveau de la mer. Arrivé à la halte à

Con-ha, à 3 heures, reparti à 4 heures après une ribote générale des Moïs des trois villages ; route au nord droit sur le núi
Lumu, qui fait le fond de la vallée, et que je vois très bien depuis
les hauteurs d'où j'ai eu une vue d'ensemble sur les montagnes ;
arrivé à 5 heures à Song, village où nous devons coucher. Nous
avions traversé deux fois le suôi Ta-poo avant d'arriver.

Le 23 février, réveillé à 5 heures du matin, départ à 6 heures
moins un quart, route au nord sur le Lumu ; arrivé à 7 heures
et demie à un joli village situé sur les bords d'un affluent
appelé Dalou, qui se jette tout auprès dans le Ta-poo. Ce village,
où nous faisons séjour, s'appelle également Dalou ; le lendemain
24 février, quitté Dalou à 6 heures moins un quart, route au
nord pendant un quart d'heure, puis au nord-est ; traversé le
Damré ou Dabré vers 6 h. 55 min., commencé à monter
et monté tout le temps. En partant le matin, nous avions traversé un plateau couvert de bambous qui sépare la vallée du
Ta-poo de celle du Damré, puis suivi les bords du Damré ; la
forêt est belle, le cours du Damré est ravissant ; nous traversons
plusieurs fois la rivière qui, à l'arrivée au village, coule entre
nous et le núi Tion-lay, au pied duquel elle prend sa source. Ce
village s'appelle Pallaos ; nous y sommes à 8 heures et demie.
De Pallaos, pris de bons relèvements ; parti à 11 heures, commencé à monter et monté sans relâche jusqu'à midi un quart,
puis descendu dans une gorge très étroite au fond de laquelle
coule le da Dinkoy, qui va un peu au sud se jeter dans le Damré ;
puis remonté, et, à 2 heures et demie, atteint la crête qui,
d'après mon baromètre, est à 800 mètres d'altitude ; trouvé sur
l'autre versant une série de plateaux et ravins qui varient entre
750 mètres et 900 mètres d'altitude. Ce plateau verse ses eaux
dans le La-nga qui, lui-même, y prend sa source. Les vallées
encaissées que nous laissons derrière nous, ainsi que le Damré,
sont tributaires du Dông-naï ; après trois quarts d'heure d'une
route facile et agréable à travers les plateaux frais et herbeux,
après avoir traversé deux cours d'eau assez forts qui, tous les
deux, courent dans l'est donner leurs eaux au La-nga et qui
s'appellent le premier Da-xa, le second Da-laos, nous arrivons
à la halte Sohou à 3 heures un quart. Les Moïs de ces con-
trées sont plus sauvages et plus braves que ceux de la vallée

du Damré; il y a de fort beaux hommes et de types très divers : les uns, à face bestiale et féroce, rappellent certains sauvages de la Polynésie; d'autres, plus clairs de peau, rougeâtres, ressemblent à de véritables chefs arabes : barbe bien plantée, nez busqué, regard fier et brillant. Ils sont peu vêtus : le jour, une simple ceinture; la nuit, une grande couverture blanche de leur fabrication. Les femmes, dont plusieurs très jolies, ont toutes la jupe bleue rayée; elles ont la taille entièrement nue et, quoique épaisse, très bien faite. Hommes et femmes portent des colliers de toutes sortes de verroteries, des bracelets et anneaux de cuivre, depuis la cheville jusqu'au haut du mollet, et depuis le poignet jusqu'au gras du bras et du coude à l'épaule.

La première impression de crainte dissipée, ces sauvages, voyant que je ne venais pas pour les piller, ont été très bien et m'ont fidèlement accompagné jusqu'au dernier village. Leurs chefs vinrent jusqu'aux sources du La-nga, avertissant devant nous les villages de mon arrivée et aplanissant bien des difficultés. Ils sont toujours armés soit d'une lance, soit d'un très joli coupe-coupe de leur fabrication. C'est le premier village que j'aie rencontré où les Moïs travaillent le fer, qui est abondant sur tout le plateau, et travail qu'ils font très simplement et très habilement.

Le 25 février, réveillé de bonne heure; la nuit a été très froide et il en sera de même tout le temps que je passerai sur le plateau, le baromètre, de 11 heures du soir à 7 heures du matin, restant constamment au-dessous de 12°. Parti à 6 heures au nord-est, puis au nord-nord-est; traversé des collines pauvres; peu de culture; à 7 heures un quart, aperçu trois jolis pins qui ont tout le port du pin *Laricio;* ils sont à mi-côte d'une hauteur d'où la vue est très belle et très étendue. Je prends de bons relèvements; les hauteurs sont couvertes de petits arbres au feuillage gracieux.

Traversé un grand village, puis entré dans la forêt composée presqu'exclusivement de sao et de văp poussant dans une terre riche et profonde avec une grande vigueur; mais les abatis et brûlis des Moïs ne leur laissent pas le temps d'arriver à une taille raisonnable; ce sont de véritables bois-taillis, comme nos taillis de chênes et de charmes de 15 à 18 ans du Nivernais.

A 9 heures et demie, Tapoum, très gros village sur un ruisseau courant nord-ouest-sud-est, où nous nous arrêtons; la terre est excellente; passé à côté de grands et beaux magasins de riz. Quitté Tapoum à 2 heures, route au nord-nord-est; entré dans de beaux bois de pins vers 2 h. 45 min. Le cône, la feuille et le port de ces pins les rangent complètement dans la famille des *Laricios;* dans les ravins du plateau, qui sont parfois très profonds, c'est la forêt tropicale; de très belles fougères, des cycas, des bambous; sur les sommets, des pins, dont quelques-uns sont superbes et atteignent 5 mètres de tour; à travers les pins, de temps en temps des éclaircies au-delà desquelles je découvre la vallée du La-nga, avec les montagnes du Bình-thuận qui la bornent à l'horizon. Après une bonne marche, nous arrivons, vers 4 heures et demie, dans un site désolé, sorte de marais desséché, entouré d'une berge rougeâtre sans végétation; c'est la halte du soir. Le village s'appelle Bendron. Malgré son air misérable, ce village est riche; on y travaille beaucoup de fer, on élève des buffles, des porcs, des chèvres, des poulets, des canards. Un tigre vient la nuit à 10 mètres du campement; mais mon monde perd la tête et fait du bruit, je ne puis le tirer.

Le 26, en route de bonne heure dans les forêts de pins, après avoir traversé le marais desséché et deux collines dénudées par les défrichements et les rẫy des Moïs. Après avoir traversé un second village, arrivé à Draï vers 8 heures et demie; c'est un très joli village, sur les bords du La-nga, que les Moïs appellent Da Rna. La rivière n'a ici que 6 à 8 mètres de large, une eau claire et limpide; l'altitude de Draï est de 850 mètres; la rivière vient du nord-ouest. Plusieurs autres petits cours d'eau viennent se joindre à elle auprès du village qui, outre cette défense naturelle, est entouré de palissades et fortifié. Les habitants de Draï sont les plus beaux Moïs que j'aie vus; teint rouge comme les Peaux-Rouges de l'Amérique du Nord, nez busqué; fortement membrés, ils se rapprochent plus que tous les autres du type européen. Au dire de mes Annamites, ils sont dangereux. Je les crois braves et fiers, c'est pourquoi les Annamites les craignent, et les pillards et voleurs du Bình-thuận n'ont pas osé leur voler leurs buffles, comme dans les villages que je verrai en revenant. Les hommes ont les dents limées par devant, ce qui, au dire des Annamites, est un signe d'anthropophagie. Leurs ceintures, leur seul vêtement, ont les bouts garnis d'ornements d'un métal que je crois être du fer ; la bordure verticale des jupes de femme a le même ornement. Les femmes sont les plus jolies que j'aie vues ; elles ont la taille un peu forte, mais les pieds, les mains, les bras, la poitrine, qui sont entièrement nus, sont parfaits ; la figure est ouverte et rieuse, et, comme pour les hommes, le type s'éloigne complètement de celui des Annamites et ressemble à celui des femmes indiennes de la tribu des Yachis, au nord du Mexique. Ces farouches sauvages furent les plus hospitaliers et les plus hardis que j'aie eus avec moi pendant tout mon voyage ; mais les craintes de mes Annamites et même de Patao, qui ne se sentait pas chez lui, me firent encore perdre un jour.

Ce ne fut que le 28 février que je pus partir pour la dernière étape et atteindre les sources du La-nga qui, au dire de Patao, sortait directement de très grosses pierres. Après une marche du matin des plus agréables dans les bois de pins, j'arrivai à 8 heures passées, après deux heures et demie de marche, sur un sommet élevé de 880 à 900 mètres, d'où j'eus une très belle vue de toutes les montagnes. Le núi Yan-yut, où le La-nga prend sa source, était devant nous ; son sommet, à mon appréciation, ne devait pas être à plus de 20 kilomètres ; nous redescendons dans des ravins où, à l'aide des coupe-coupe, nous nous frayons un chemin dans le nord-ouest qui, d'après moi, était la route à suivre ; mais, après une heure de cette marche, malgré tout ce que j'essaie de leur faire comprendre, les Moïs tournent au sud-ouest, et, une demi-heure après, à mon grand étonnement nous tombons sur le La-nga qui, je me le suis expliqué ensuite, fait une large boucle et court de l'est à l'ouest. On installe un campement ; la rivière n'a plus guère que 4 à 5 mètres de large, est très peu profonde et court sur un lit de sable. Les hommes de Druï, pendant que je déjeune, repartent en avant à la recherche de la fameuse source ; à 1 heure ils reviennent, disant l'avoir trouvée, et, à 1 heure et demie, je me remets en route avec la moitié de mon monde. Après une demi-heure de marche directement au nord, je tombe dans un ravin très étroit, très encaissé, où, du milieu d'un amas de pierres énormes adossées à la montagne, la rivière sort en bouillonnant. Les Moïs et Patao sont rayonnants ; je le serais aussi, mais le débit

d'eau me semble bien fort et la montagne ne me semble pas
former bien exactement le cirque, aussi je me décide à gravir la
hauteur pour être plus sûr, et, après une demi-heure d'ascension,
je trouve mes soupçons confirmés. La montagne, après un coude
brusque qui semble fermer la vallée, tourne au nord, et le
ruisseau se retrouve au-dessus de l'amas des rochers sous lequel
il disparaît pendant environ 1 kilomètre; je remonte encore
pendant une heure le lit du torrent à travers les lianes, les
bambous, les pins et les fougères. Enfin, vers 3 heures et
demie, j'atteins un plateau très élevé (950 à 1,000 mètres)
où pousse une herbe très drue, coupante. Je n'avais plus
que trois hommes avec moi, Patao, un Annamite et un chef moï,
et l'heure s'avançait. Le La-nga n'est plus qu'un petit ruisseau
que je pourrais sauter. Je ne crus pas pouvoir aller plus loin,
et, après avoir vainement cherché un point d'où j'aurais pu avoir
une vue des montagnes environnantes, je me décidai à rejoindre
mon campement du matin, à la satisfaction générale de ma suite
qui, les Annamites par paresse et crainte de l'éloignement, les
Moïs par une terreur superstitieuse des hauts sommets, met-
taient tous la plus mauvaise grâce à me suivre depuis la fausse
source de la rivière. La vraie ne peut pas être loin; ce ruisseau
que je quittai doit venir du fond de la vallée élevée où je me
suis arrêté et qui est, à 5 à 6 kilomètres, terminée par le dernier
sommet du Yan-yut. Il en est ainsi au dire des Moïs, qui eux-
mêmes ne le savent que par ouï dire, n'allant jamais dans ces
endroits élevés. Seuls quelques hardis chasseurs d'éléphants y
pénètrent de loin en loin à la poursuite d'un animal blessé et
racontent à la tribu ce qu'ils ont vu.

Le retour se fit rapidement, la route étant frayée et descen-
dant tout le temps; j'arrivai au campement une heure avant le
coucher du soleil; je passai une bonne nuit dans la forêt, et le
lendemain, parti de bon matin, j'étais de retour à Druï à 9 heures.

Le 1er mars, en route pour revenir. Arrivé à Bendron vers
8 heures et demie du matin et reparti à midi; suivi encore
pendant une heure la route faite précédemment pour monter,
puis à 1 heure, route d'abord au sud-est, afin de suivre
autant que possible le cours du La-nga, puis à l'est, et, à 4 heures,
arrivé à la halte après avoir passé deux cours d'eau courant

du sud-ouest au nord-est et plusieurs lits de torrents à sec. Vers 3 heures et demie, après avoir gravi et descendu une très haute colline du haut de laquelle j'obtiens de bons relèvements, j'avais trouvé en redescendant le La-nga, qui va du nord au sud et n'est encore qu'un gros ruisseau peu profond de 8 mètres de large ; à 1 kilomètre de là, Con nhioun, lieu de la halte sur les bords du da Rnoum, qui se jette tout près dans le La-nga.

Le lendemain, à 6 heures du matin, parti ; traversé le da Rnoum, qui court est-nord-est, ouest-sud-ouest, puis fait route à l'est-sud-est ; traversé trois ruisseaux allant tous à l'ouest, puis une véritable petite rivière ayant même direction, que nous traversons à 7 h. 45 min., et encore deux ruisseaux dont l'écoulement est dirigé aussi vers l'ouest; suivi une crête où nous traversons et suivons pendant assez longtemps la route allant au Bình-thuận, route qui a été parcourue par le docteur Néïs en 1881. Nous arrivons au pauvre village de Coo à 10 heures du matin. Ce village, ainsi que le précédent, a été pillé par les Annamites ; les hommes portent encore sur leur dos les traces de coups de rotins reçus pour les forcer à déclarer où étaient cachés leurs chevaux, leurs buffles et les dents d'éléphants qu'ils pouvaient avoir en réserve. Du reste, le type change peu à peu, semble devenir plus bestial, se rapprochant pourtant du type malais ; ce village de Coo est très pauvre et a été entièrement dévalisé.

Après beaucoup de difficultés pour trouver des porteurs, parti à 1 heure et demie, et, à 2 heures, retrouvé le La-nga courant nord et sud et recevant de l'est un fort affluent peu inférieur à lui-même appelé par les Moïs le da Rian ; il doit venir du núi Saloum ou du nord de cette montagne, peut-être du núi Contran. Arrivé à la halte vers 3 h. 45 min., après avoir fait route constamment au sud-sud-est dans les forêts de pins, puis à travers de grands et beaux plateaux herbeux, qui semblent très propres à l'élevage du bétail et d'où on domine dans l'ouest le thalweg du La-nga qui, après avoir reçu le da Rian, fait une grande courbe au sud-ouest et semble courir dans cette direction jusqu'à ce que sa rencontre avec le núi Sapoum le rejette encore dans l'est.

Le village de Don, où nous couchons, est riche; les hommes ont tout à fait le type malais, portent de gros turbans, une jupe assez longue, tous deux d'étoffes blanches; très peu de bijoux. Ils sont généralement plus petits que ceux des villages précédents, élégants de formes, vifs et fiers. Notre campement étant éloigné du village, je vis peu de femmes. L'architecture des maisons change aussi : elles sont moins élevées au-dessus du sol; au lieu d'être couvertes en feuilles de palmiers, elles sont couvertes en chaume de tranh très soigneusement travaillé; les entrées sont garanties par une petite toiture formant lucarne; les murailles sont perpendiculaires au lieu d'être inclinées sur le plancher; les pignons et le faîte portent, pour les cases principales, des ornements semblables à ceux qu'on trouve au-dessus des cases malaises dans les îles de Java et de Sumatra.

Quitté le village de Don le 3 mars, à 6 heures et demie du matin; entré dans un massif montagneux qui s'accidente de plus en plus. Après 2 heures et demie à 3 heures de marche, retombé dans la vallée du La-nga, qui est très pittoresque, encaissée dans un fouillis de montagnes boisées et très accidentées; monté une colline assez haute où nous trouvons un joli village que les habitants ont abandonné à notre approche, craignant les représailles de ceux de Don, auxquels ils ont été couper des têtes quelques jours avant.

Nos porteurs doublèrent l'étape; reparti à 1 heure, traversé le La-nga qui est alors une rivière de 40 à 50 mètres de large, courant dans le sud en rapides à travers des rochers, pour faire de suite une courbe très accentuée dans l'est, refoulé par une série de montagnes très élevées dont les plus hauts sommets sont les núi Dalou et Tabo ou Dabo; suivi le cours du La-nga en montant sur le versant du Dabo; halte à Challao à 3 heures et demie ou 4 heures, au-dessous du sommet du Dabo. Les Moïs ont toujours le type malais; ils sont forts, ont l'air féroce, mais ne sont pas aussi méchants qu'ils en ont l'air; les femmes sont également fortes et très laides. Je retrouve ici l'affreuse maladie de peau dont beaucoup de Moïs de Baria sont atteints et qui avait complètement disparu depuis les hauts plateaux.

Le lendemain, à 6 heures du matin, monté, passé le col au-dessous du Dabo, puis, par des sentiers excessivement étroits et périlleux, sur les flancs très inclinés des montagnes, redescendu dans la vallée du La-nga qui, après sa pointe dans l'est, revient au sud-sud-ouest et reçoit de la rive où nous sommes une masse de petits cours d'eau qui descendent en cascades claires et fraîches des montagnes que nous avons traversées. Il y a beaucoup de villages entourés de bananiers, de cultures de riz, de tabac, de citrouilles, qui ont l'air d'être riches et tranquilles ; après avoir suivi pendant environ une heure le cours du fleuve, tant sur sa rive que sur les hauteurs qui le dominent, nous gravissons un col au sud-ouest, tandis que le fleuve fait encore un détour au sud.

Arrivé à la halte vers 9 heures à Tala, joli village auprès d'un ruisseau qui, venant du nord, va au sud se jeter dans le La-nga ; à deux heures, en route pour un autre village de Tala, en suivant d'abord le ruisseau, puis gravi quelques côtes ; arrivé à 3 heures et demie auprès d'une jolie rivière, dans une clairière entourée de bois où les manguiers, les citronniers, les trắc, les cam-lai ne sont pas rares, mais je n'en vis aucun bel échantillon. Toutes ces régions sont constamment mises en rãy, coupées et brûlées par les Moïs. Le froid des nuits diminue rapidement. Nous descendons, Tala n'est plus qu'à 650 ou 700 mètres d'altitude, et nous ne cesserons de descendre. Ainsi, Yareta, où nous arrivons le lendemain à 8 heures et demie, après deux heures et demie de marche, est le dernier point au-dessus de 600 mètres ; j'accélère la marche, et le soir, à travers des chemins de montagnes très difficiles, nous arrivons à 5 heures à la halte, après avoir fait au moins 15 à 16 kilomètres. C'est pendant cette marche que je revois les montagnes de Tam-linh (núi Ong) qui est auprès de Tracu, et les núi Bang-da et Bang-thoum qui dominent toute la crête de séparation des eaux entre le bassin du Dòng-naï et celui du La-nga.

L'endroit où nous passons la nuit s'appelle aussi Yareta ; je le quitte le lendemain 6 mars, à 6 heures du matin, pour faire encore une marche longue et pénible en suivant le La-nga, que je retrouve à 8 heures et que je suis pendant quelque temps ; rencontré ensuite au nord-ouest une forte élévation de terrain qui rejette encore dans le sud le cours de la rivière ; halte vers

9 heures. Le soir après une bonne marche de 18 à 20 kilomètres, atteint le village de Patte où je passe la nuit ; je reprends
les rives du La-nga avant d'arriver au village et traverse un
affluent qui vient du nord du Bang-thoum ou du Bang-da, au
dire des Moïs. Après bien des difficultés et des pourparlers, je
finis par obtenir un bateau qui me ramènera à Tracu, où j'arrive
le lendemain à 6 heures du soir, en relevant pendant toute la
journée, de quart d'heure en quart d'heure, le cours du fleuve.

Le retour à Tracu terminait la série des observations que je
voulais faire pour tracer le cours du La-nga. Après quelques jours
de repos donnés à mes hommes, je revenais par Vo-dat, To-vuc
Bao-chan, et Long-thanh, où j'étais de retour le 15 mars, à
6 heures du soir.

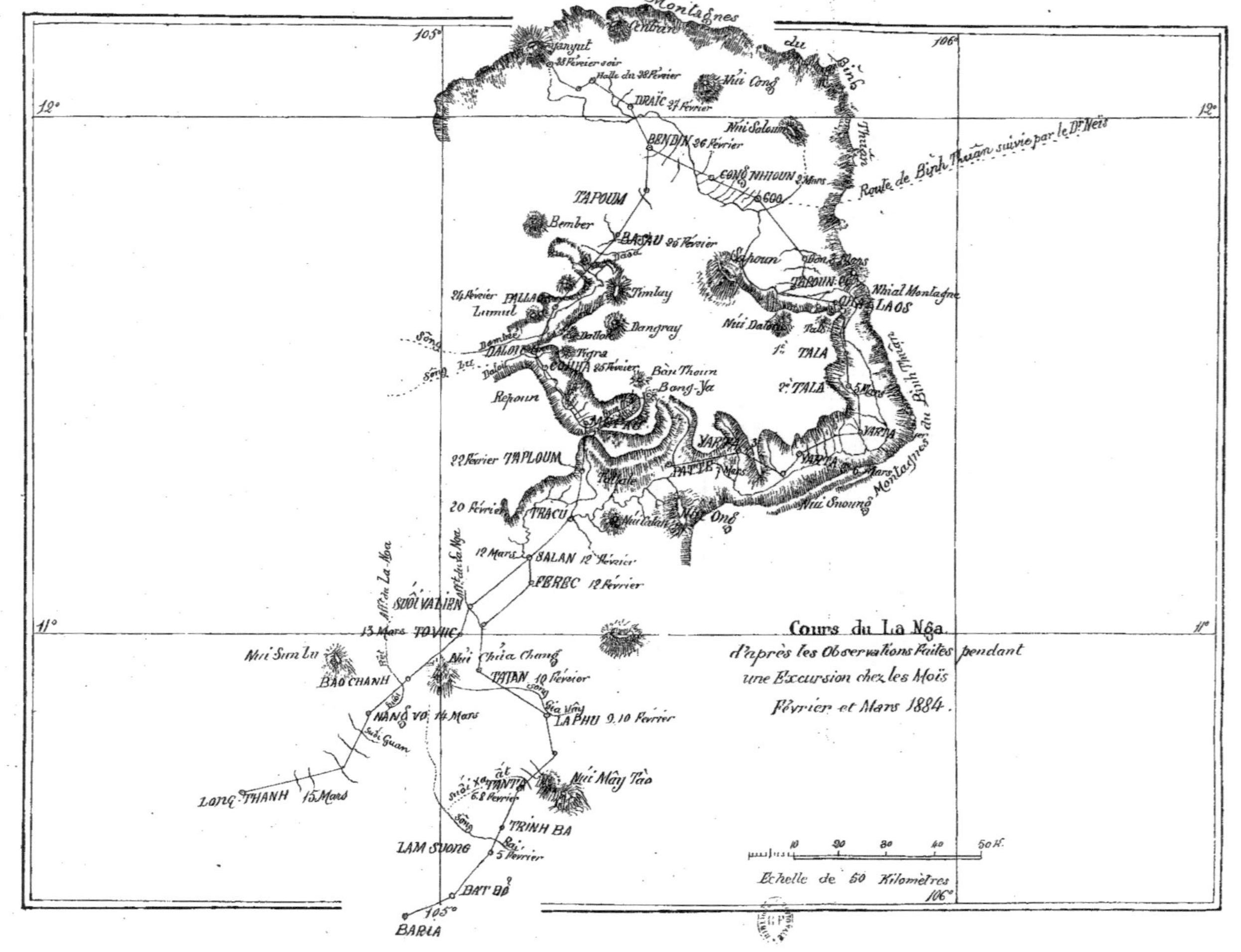

Montagnes
du Binh
Route de Binh Thuan suivie par le Dr Neïs
105°
106°
12°
12°
11°
11°
105°
106°
Canran
yanyut
28 Février soir
Halte du 28 Février
Nui Cong
IDRAÏC 27 Février
Nui Saloum
BENDIN 26 Février
CONG NHIOUN 2 Mars
600
TAPOUM
Bember
BAPAU 25 Février
Daod
Sahoun
Don 3 Mars
TABOUN-CO
Nhial Montagne
OM LAOS
24 Février
PALLAG
Timlay
Lumut
Dangray
Nui Dalots
Tali
1e TALA
Bembe
Dallon
DALOI
Tigra
COLHA 25 Février
Ban Thoun
Bong-Ya
2e TALA
Mars
Repoun
Motag
YARPA
22 Février TAPLOUM
YARPA
PATTE
Nui Snoung
Montagnes du Binh Thuan
20 Février
TRACU
Nui Colah
Nui Ong
12 Mars
SALAN 12 Février
FEREC 12 Février
Aff du La Nga
SUOI VALIEN
Aff du La Nga
13 Mars TOVUC
Nui Sun Lu
Nui Chia Chang
BAO CHANH
TAJAN 10 Février
NANG VO 14 Mars
Gia Vinh
LA PHU 9.10 Février
Suoi Guan
at
TANTA
Nui May Tao
LONG THANH 15 Mars
6.8 Février
TRINH BA
LAM SUONG
5 Février
BAT BO
105°
BARLA
Cours du La Nga
d'après les Observations faites pendant
une Excursion chez les Moïs
Février et Mars 1884.
10  20  30  40  50 K.
Echelle de 50 Kilomètres
106°